DÉBUT D'UNE SÉRIE DE DOCUMENTS
EN COULEUR

LA
FLORE DE L'INDE

D'APRÈS LES ÉCRIVAINS GRECS

PAR

CHARLES JORET

CORRESPONDANT DE L'INSTITUT
PROFESSEUR HONORAIRE A L'UNIVERSITÉ D'AIX-MARSEILLE

PARIS

LIBRAIRIE ÉMILE BOUILLON, ÉDITEUR

67, RUE DE RICHELIEU, AU PREMIER

—

1901

CHARTRES. — IMPRIMERIE DURAND, RUE FULBERT

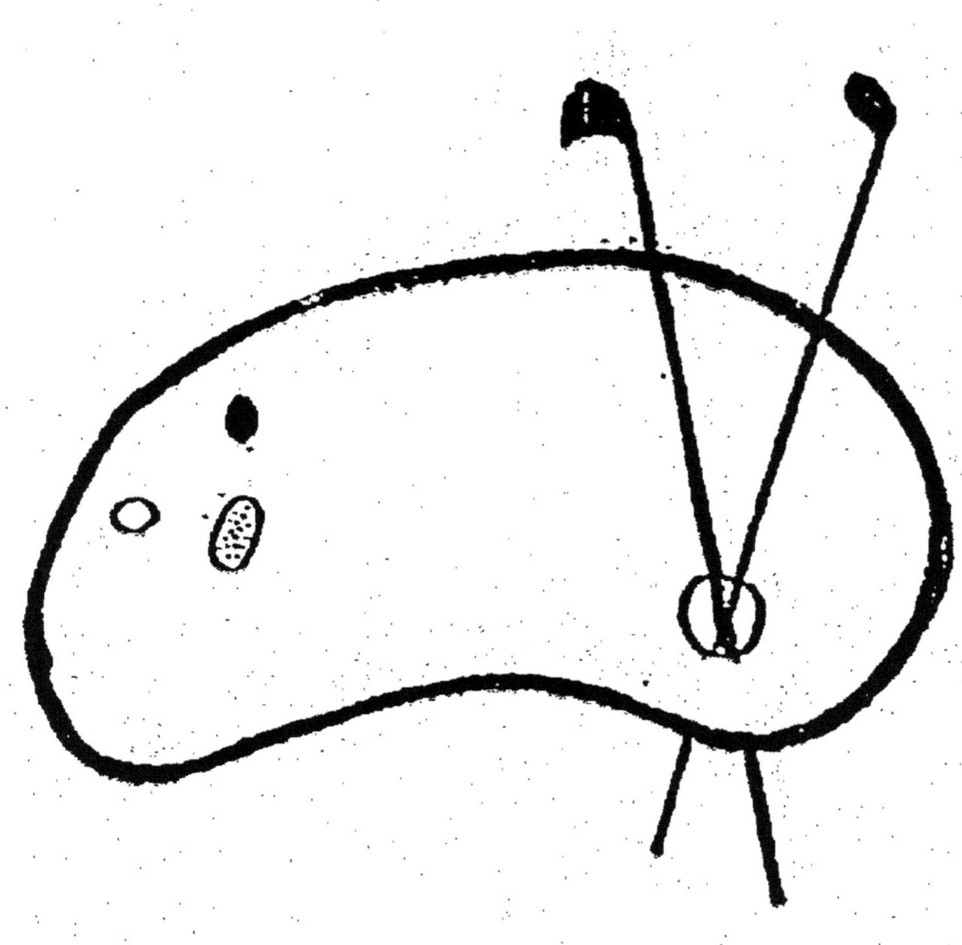

FIN D'UNE SERIE DE DOCUMENTS
EN COULEUR

LA FLORE DE L'INDE

D'APRÈS LES ÉCRIVAINS GRECS

PUBLICATIONS PRINCIPALES DU MÊME AUTEUR

La loi des finales en espagnol. Nogent-le-Rotrou, 1874, in-8.

Du C dans les langues romanes. Paris, 1874, in-8 (Prix Volney).

De Rhotacismo in indo-europaeis ac praesertim in germanicis linguis. Parisiis, 1875, in-8.

Herder et la Renaissance littéraire en Allemagne au XVIIIᵉ siècle. Paris, 1875, in-8.

De la littérature allemande au XVIIIᵉ siècle dans ses rapports avec la littérature française et la littérature anglaise. Aix-Paris, 1876, in-8.

Essai sur le patois du Bessin, suivi d'un dictionnaire étymologique. Paris, 1881, in-8.

Du caractère et de l'extension du patois normand. Étude de phonétique et d'ethnographie, suivie d'une carte. Paris, 1883, in-8.

Mélanges de phonétique normande. Paris, 1884, in-8.

Des rapports intellectuels et littéraires de la France avec l'Allemagne avant 1789. Paris, 1884, in-8.

Le voyageur Tavernier, écuyer, baron d'Aubonne. Paris, 1886, in-8 (Prix Jomard).

La Flore populaire de la Normandie. Caen-Paris, 1887, in-8.

Les incantations botaniques du manuscrit F 277 de la Bibliothèque de l'École de médecine de Montpellier. Paris, 1888, in-8.

Le voyageur Tavernier d'après des documents inédits (1670-1685). Paris, 1890, in-8.

Le P. Guevarre et les bureaux de charité au XVIIᵉ siècle. Toulouse-Paris, 1889-90, in-8.

Pierre et Nicolas Formont. Un banquier et un correspondant du Grand-Électeur. Paris, 1890, in-8.

La légende de la Rose au moyen âge chez les nations romanes et germaniques. Mâcon, 1891, in-8.

La Rose dans l'antiquité et au moyen âge. Histoire, légendes et symbolisme. Paris, 1892, in-8.

Fabri de Peiresc, humaniste, archéologue, naturaliste. Aix, 1894, in-8.

Les Jardins dans l'ancienne Égypte. Le Puy, 1894, in-8.

De la représentation du papyrus sur les monuments de l'Égypte ancienne. Mâcon, 1895, in-8.

D'Ansse de Villoison et la Cour de Weimar. Paris, 1895-1896, in-8.

Le comte du Manoir et la Cour de Weimar. Bayeux-Paris, 1896, in-8.

Les Plantes dans l'antiquité et au moyen âge. I. Égypte, Chaldée, Assyrie, Judée, Phénicie. Paris, 1897, in-8.

Mᵐᵉ de Staël et la Cour de Weimar. Bordeaux, 1900, in-8.

CHARTRES. — IMPRIMERIE DURAND, RUE FULBERT.

LA
FLORE DE L'INDE

D'APRÈS LES ÉCRIVAINS GRECS

PAR

CHARLES JORET

CORRESPONDANT DE L'INSTITUT
PROFESSEUR HONORAIRE A L'UNIVERSITÉ D'AIX-MARSEILLE

PARIS

LIBRAIRIE ÉMILE BOUILLON, ÉDITEUR

67, RUE DE RICHELIEU, AU PREMIER

—

1901

LA FLORE DE L'INDE

D'APRÈS LES ÉCRIVAINS GRECS

Quelles ont été les plantes de l'Inde que les anciens Grecs ont connues? Quels produits la flore de cette lointaine région leur a-t-elle fourni pour leur industrie, leur alimentation ou leurs divers usages? Telle est la double question encore si obscure et trop peu étudiée, que je me suis proposé d'examiner[1].

I

Les Grecs ont longtemps ignoré l'existence de l'Inde, et ils n'en ont jamais eu — la remarque est de Strabon[2] — qu'une connaissance incomplète. L'éloignement de cette contrée, que les grands empires de l'Asie antérieure séparaient de leur

1. Dans les mots sanscrits, *c* a la valeur *tch* et *u* équivaut à *ou* français.

2. Καὶ γὰρ ἀπωτάτω ἐστί, καὶ οὐ πολλοὶ τῶν ἡμετέρων κατώπτευσαν αὐτήν· οἱ δὲ καὶ ἰδόντες μέρη τινὰ εἶδον. *Geographica.* lib. XV, cap. I. 2.

pays et qu'entourait de trois côtés une mer inaccessible à leurs vaisseaux, expliquent suffisamment cette longue ignorance. Les poèmes homériques ne savent rien de la patrie des héros du Mahâbhârata, et si les contemporains de l'Iliade et de l'Odyssée connurent quelques-uns des produits de l'Inde, ce fut par l'intermédiaire des Phéniciens qu'ils les reçurent et ils ne soupçonnaient pas quel en était le pays d'origine[1]. La fondation de la monarchie perse, les rapports inévitables qui s'établirent bientôt entre les Grecs et leurs puissants voisins, l'occupation par les Achéménides d'une partie du Penjab actuel, changèrent cet état de choses. Ce fut un Grec, Scylax, qui en explorant avec une flotte le cours de l'Indus, prépara les conquêtes de Darius dans le bassin du grand fleuve.

Scylax avait écrit le récit de son expédition : mais ce récit, qui révéla peut-être le nom de l'Inde à ses compatriotes, a été perdu, et dès lors nous ne pouvons dire ce qu'il leur fit connaître des régions qu'il avait parcourues. Nous ignorons pour la même raison ce qu'Hécatée leur en a pu apprendre. Il en est autrement d'Hérodote, puisque nous possédons ses *Histoires*. Hérodote, il est vrai, n'avait point visité l'Inde, et il n'en a parlé qu'incidemment[2] et par ouï dire, d'après les récits intéressés

1. Carl Ritter. *Die Erdkunde*. Berlin. 1835. in-8. vol. V. p. 436.
2. *Historiae*. lib. III. cap. 98 106.

ou mensongers des Perses, peut-être aussi d'après
le Périple de Scylax. En tout cas ce qu'il nous
apprend de l'Inde et de ses produits se réduit à
bien peu de chose; et si l'on jugeait de la civilisation de cette vaste contrée d'après la description de
l'historien grec, on s'en ferait l'idée la plus inexacte
et la plus fausse. On dirait qu'Hérodote a tenu à
passer sous silence ce que cette civilisation avait
déjà de brillant : il ignore volontairement que
l'Inde avait une agriculture prospère, qu'elle pos-
sédait des villes populeuses et florissantes, et il ne
nous parle que de la misérable existence des « tribus de race et de langue différentes, nomades ou
sédentaires », qui erraient dans les forêts ou cam-
paient au milieu des marécages du Sindh. Écou-
tons ce qu'il dit de ces derniers[1].

Ils habitent les marais voisins du fleuve, — l'Indus évidemment, — et vivent de poissons crus, qu'ils pêchent
montés sur des barques en roseau, chacune d'elles se com-
posant de la partie d'une tige comprise entre deux nœuds[2].
Ces mêmes Indiens portent des vêtements faits avec les
roseaux qu'ils coupent sur les bords du fleuve : après les
avoir battus, ils les tressent à la manière de nattes et s'en
revêtent comme d'une cuirasse[3].

Quels étaient les roseaux qui servaient de barques
à ces tribus demi-sauvages et avec lesquels elles se
faisaient des vêtements? Évidemment on ne peut

1. *Historiae*, lib. III, cap. 98.
2. Καλάμου δὲ ἓν γόνυ πλοῖον ἕκαστον ποιέεται.
3. Ἐσθῆτα δὲ τοῦ ποταμοῦ φλοῦν κείραντες καὶ κόψαντες, τὸ ἐνθεῦ-
τεν φορμοῦ τρόπον καταπλέξαντες ὡς θώρηκα ἐνδύνουσι.

faire sur ce point que des suppositions, puisque
Hérodote n'a point donné la description des plantes
dont il parle. Néanmoins on est en droit de le dire,
les roseaux que les tribus des bords de l'Indus
employaient pour faire leurs grossiers vêtements
appartenaient à l'une — ou peut-être à plusieurs —
des espèces aquatiques : *Cyperus, Saccharum,
Typha,* etc., propres aux ouvrages de vannerie, et
qui croissent en abondance dans les marais qui
bordent le Sindh[1] : peut-être était-ce le *kana* —
Typha elephantina, — qui atteint une hauteur
considérable, et est encore très employé de nos
jours pour faire des nattes, des corbeilles et autres
objets semblables[2].

Quant aux roseaux avec lesquels ces mêmes
tribus fabriquaient leurs barques, ils étaient sans
doute, bien qu'Hérodote paraisse les confondre,
tout différents des premiers. C'étaient probablement les « roseaux d'Inde », dont il est question
dans Ctésias et Théophraste, c'est-à-dire des bambous ; manière de voir qui a été généralement
acceptée par les commentateurs et les traducteurs
d'Hérodote[3], mais qu'a combattue, il y a quelques
années, Victor Ball[4]. Je remets à examiner l'iden-

<hr>

1. Captain Langley, *Narrative of a Residence at the Court
of Meer Ali Moorad,* vol. I, p. 275.

2. T. Postans, *Personal Observations on Sindh,* etc., p. 101,
ap. Lassen, *Indische Alterthumskunde,* 2ᵉ éd. Leipzig, in-8,
1867-74, vol. II, p. 638.

3. Entre autres par Miot.

4. *On the identification of the Animals and Plants of India
which were known by early Greek Authors.* (*Proceedings of the
Royal Irish Academy,* sér. 2, vol. II, 1883, nᵒ 6, p. 336).

tification singulière proposée par le savant anglais quand je parlerai de Ctésias, et je reviens à Hérodote.

Après avoir parlé des nomades chasseurs, qui habitaient à l'Orient des tribus campées dans les marais du Sindh, l'historien grec ajoute[1] :

D'autres tribus ont des mœurs bien différentes. Ils ne tuent aucun être animé, ne sèment rien, croient inutile d'avoir des maisons et ne vivent que d'herbages. Ils ont une espèce de plante qui produit des grains renfermés dans une balle et de la grosseur du millet. Cette plante croît spontanément ; ils en recueillent les grains qu'ils font cuire dans leur enveloppe et ils s'en nourrissent.

Il est impossible, d'après une description aussi vague, de dire de quelle plante Hérodote a voulu parler. Miot[2] a supposé qu'il pouvait être question du riz, qui croît à l'état spontané dans certaines régions de l'Inde, non dans le Penjab, toutefois ; on pourrait aussi penser au coracan, que nous retrouverons plus loin ; mais sans m'arrêter à une identification qui ne peut être qu'hypothétique, j'arrive à un dernier renseignement fourni par Hérodote sur la végétation de l'Inde. Après avoir longuement raconté comment les habitants de ce pays se procuraient l'or qu'ils devaient donner en tribut au grand Roi, et parlé de la force et de la grandeur prodigieuses des animaux et des oiseaux qui vivent dans l'Inde :

1. *Historiae*, lib. III, cap. 100.
2. Traduction d'Hérodote, vol. I, p. 588.

On y voit aussi, ajoute-t-il [1], des arbres sauvages qui portent pour fruits une laine plus belle et plus forte que celle des brebis. Les indigènes s'habillent avec les étoffes qu'ils en fabriquent.

Il s'agit évidemment du cotonnier et des étoffes de coton — σινδόνες, comme les appelle ailleurs Hérodote lui-même [2], d'un nom dérivé du sanscrit *Sindhu*. — étoffes connues depuis longtemps au delà des frontières de l'Inde, en particulier dans l'Iran. Mais de quelle espèce de cotonnier et de coton s'agit-il ici? L'absence de description ne permet pas de répondre à cette question. J'attendrai pour essayer de la résoudre le moment où nous retrouverons de nouveau le cotonnier et ses produits.

On voit par ce qui précède qu'Hérodote n'a à peu près rien appris à ses compatriotes de la flore de l'Inde: Ctésias, le premier qui, après lui, ait essayé de la leur faire connaître, ne leur en a guère appris davantage. Il était pourtant mieux placé que son prédécesseur pour en parler: pendant son long séjour à la cour d'Artaxercès II, il avait eu plus d'une occasion d'obtenir des renseignements sur la flore, comme sur la faune de la Péninsule, dont une province étendue était sou-

---

1. *Historiae*, lib. III, cap. 106.

2. *Historiae*, lib. VII, cap. 181. Au chapitre 65 de ce même livre, Hérodote dit des Indiens qui se trouvaient dans l'armée de Xerxès qu'ils portaient εἵματα ἀπὸ ξύλων πεποιημένα: faut-il entendre par « faits en coton », comme on a traduit souvent, ou par « faits en écorce d'arbre »?

mise au roi de Perse : il avait pu, il le dit lui-même, en voir des représentants ou des produits ; mais son peu de souci de l'exactitude, son penchant à l'exagération et son amour du merveilleux ont nui à la vérité de ses descriptions [1] : parmi les plantes ou les arbres dont il a parlé, il en est à peine un qu'il soit possible de reconnaître avec certitude. Voyons néanmoins ce qu'on peut apprendre dans les fragments qui nous restent de ses *Indica* :

Au milieu des montagnes et des plaines que traverse le fleuve Indus, dit d'abord le médecin grec [2], croît une espèce de roseau qu'on appelle « roseau d'Inde » : les tiges d'une grosseur telle, que deux hommes, les bras tendus, pourraient à peine les embrasser, sont aussi hautes que le mât d'un bateau. Il y en a d'ailleurs de plus grandes et de plus petites, comme cela est naturel dans une région aussi vaste. Les roseaux sont mâles ou femelles [3]. Les pieds mâles sont entièrement pleins et n'ont pas de moelle, tandis que les pieds femelles en renferment.

Au lieu de m'arrêter à relever les exagérations ou les inexactitudes de cette description, je préfère la rapprocher de celle que Théophraste a donnée de la même graminée au quatrième livre de son *Histoire des Plantes* [4] :

---

1. « Bei der Beurtheilung… des Ktesias, geräth man in Verlegenheit, das wahre von dem, wo nicht ganz erdichteten, so doch theils durch die Neigung ihres Urhebers zum Wunderbaren übertriebenen ». Lassen, *Indische Alterthumskunde*, vol. II, p. 561.

2. Fragm. 6, *De rebus indicis*, éd. C. Müller, p. 80, 9.

3. Il s'agit sans doute des pieds qui fleurissent et de ceux qui ne fleurissent pas ; les premiers meurent après la maturité des fruits.

4. Lib. IV, cap. 11, 13.

Le roseau d'Inde est très différent (des roseaux d'Europe) et appartient à une espèce toute autre. On distingue les pieds mâles et les pieds femelles : les premiers sont entièrement pleins, les seconds creux. D'une seule souche naissent un grand nombre de tiges, mais elles ne forment pas de buisson. Grandes et solides, elles servent à faire des armes de trait[1]. Les feuilles ne sont pas longues et ressemblent à celles du saule.

Si elle n'est pas exempte de toute inexactitude, en particulier en ce qui regarde la forme et les dimensions des feuilles, cette description n'a rien aussi des exagérations qu'on rencontre dans celle de Ctésias. Elle en diffère par un autre côté : Théophraste ne dit pas que le roseau d'Inde servit à faire des bateaux. Cet emploi n'a pas été oublié par Diodore de Sicile. Parlant de l'expédition prétendue de Sémiramis dans l'Inde[2], l'auteur de la *Bibliothèque historique* raconte que, pour résister à la puissante reine, Stratobatès, roi de ce pays, fit construire 4000 bateaux en roseau, et il ajoute :

Dans l'Inde croissent, en grande quantité, au bord des rivières et dans les marécages, des roseaux d'une grosseur telle qu'un homme peut à peine les embrasser ; ils ne pourrissent pas dans l'eau, aussi en fait-on des bateaux qui durent longtemps.

Si l'on compare les trois descriptions que je

1. Il faut rapprocher de ce passage ce que dit Hérodote des Indiens de l'armée de Xerxès, dont les arcs et les flèches étaient faits en roseau. Lib. VII, cap. 65.
2. *Bibliotheca*, lib. II, cap. 17, 5.

viens de traduire, on voit que, malgré les divergences qu'elles présentent, elles se rapportent bien à une seule et même espèce de roseau, et ce roseau, le κάλαμος ἰνδικός de Ctésias et de Théophraste, le κάλαμος tout court d'Hérodote et de Diodore, à cause des proportions qu'il atteint[1] et de son emploi dans la construction des bateaux, ne peut être qu'un bambou et, probablement, le *Bambusa arundinacea* L. Ces conclusions si légitimes, et qu'on a généralement acceptées[2], ont été, je l'ai déjà dit, repoussées par Victor Ball dans son « Identification des animaux et des plantes de l'Inde, qui ont été connus des auteurs grecs[3] ». S'appuyant sur ce fait que le bambou n'atteint jamais les proportions que lui attribue Ctésias, — ce qu'il était à peine utile de réfuter, — qu'il n'a même jamais deux pieds, comme l'affirme Lassen[4], mais tout au plus neuf à dix pouces de diamètre et même pas encore dans le Penjab, le savant anglais a prétendu que cette graminée n'avait jamais pu servir à faire des bateaux, tels que les décrivent Hérodote, Ctésias ou Diodore, et d'après lui les roseaux dont parlent ces écrivains étaient tout autre chose que des bambous et sans doute une espèce de palmier, le

1. « Harundini Indicæ arborea amplitudo » Plinius, *Historia naturalis*, lib. XVI, 36 (65).
2. Cf. Hor. Othmar Lenz, *Botanik der alten Griechen und Römer*, Gotha, 1859, in-8, p. 246.
3. *Proceedings of the Irish Academy*, sér. 2, vol. II (1885), n° 6, p. 337.
4. *Indische Alterthumskunde*, vol. II, p. 245.

Borassus flabellifer L. — *tṛ...rāja*[1], le « roi des herbes » des auteurs sanscrit — C'est oublier que les palmiers n'ont pas de nœuds que leur grosseur. les dimensions de leurs feuilles. qui ressemblent si peu à celles du saule, ont rendu impossible toute confusion entre ces beaux arbres et n'importe quel roseau. Enfin il est douteux que le palmier à éventail eût été déjà acclimaté dans la vallée du Sindh à l'époque de Ctésias, encore moins à celle d'Hérodote[2]. Aussi n'y a-t-il pas lieu de s'arrêter à l'identification proposée par Victor Ball et faut-il s'en tenir à l'opinion qui voit dans les roseaux d'Hérodote, de Ctésias, de Théophraste et de Diodore. une espèce de bambou.

Si le κάλαμος ἰνδικός de Ctésias est relativement facile à identifier. il n'en est pas de même du *parébon* — πάρηβον — arbre « qui ne se trouvait que dans les jardins royaux ». mais aurait possédé, d'après l'écrivain grec, les vertus les plus merveilleuses.

Il y a dans l'Inde. dit-il[3], un arbre de la taille d'un olivier et appelé parébon : il ne porte ni fleur, ni fruit ; mais il est pourvu de racines souterraines et épaisses, au nombre de quinze, les plus petites de la grosseur du bras. Un morceau de l'une de ces racines. long d'un empan. attire les objets qu'on en approche : or. argent, cuivre. tout. ex-

1. Victor Ball cite à dessein ce surnom du *Borassus*. parce qu'il semble favoriser sa thèse.

2. A. F. Rudolf Hoernle. *An epigraphical Note on Palm-leaf.* etc. (*Journal of the Asiatic Society of Bengal.* vol. LXXX (1900), part. 1. n° 2). p. 2.

3. Fragment 18. p. 83 a.

cepté l'ambre [1]. Coupé de la longueur d'une coudée, il attire même les agneaux et les oiseaux, et dans le fait, c'est avec ses racines que les habitants ont l'habitude de prendre à la chasse les oiseaux. Veut-on solidifier de l'eau, en eût-on un gabion, on n'a qu'à y jeter un fragment de racine du parébon du poids d'une obole. Le même effet se produit sur le vin, qui, une fois solidifié, peut être tenu à la main comme un morceau de cire : mais il se liquéfie le jour suivant.

J'ai tenu à citer en entier ce passage où Ctésias a donné si libre cours à sa fantaisie, et où il a attribué au prétendu parébon des propriétés si merveilleuses qu'elles en font un véritable arbre mythique. Victor Ball n'en a pas moins cru à son existence et il l'a identifié avec le *pipal* [2] — *Ficus religiosa*. — D'ordinaire, dit-il [3], on ne trouve dans le Penjab cet arbre que cultivé dans les jardins : ses fruits sont peu apparents et dépassent à peine la grosseur d'un pois, ce qui a pu faire supposer qu'il n'avait ni fleur, ni fruit. Ses racines sont généralement visibles à la surface du sol, à une certaine distance du tronc : mais le nombre n'en est pas limité. Considéré comme sacré par les Hindous, ajoute-t-il, des offrandes sont souvent attachées à ses branches et des idoles placées près de son tronc, dans certains cas même des pierres de forme bizarre ou grotesque sont disposées tout

---

1. Cette propriété, comme on l'a remarqué, fait penser à la baguette divinatoire. C. Müller, p. 99 *a*.
2. Sanscrit *pippala, açvattha*.
3. *Proceedings of the Academy of Dublin*, sér. 2, vol. II (1885), p. 338.

autour, et Victor Ball incline à voir dans ces faits
— il se contente facilement — l'origine de la
croyance à la prétendue force d'attraction que les
racines du parébon auraient exercé sur les métaux
et les pierres.

On peut, dit encore le savant anglais, expliquer
non moins facilement la puissance attractive du
parébon sur les oiseaux et les autres animaux,
puisqu'on fait de la glu avec le suc qu'exsude le
tronc. Quant aux effets de coagulation que les
racines de cet arbre auraient produits sur l'eau et
le vin, Victor Ball veut bien convenir qu'ils
n'étaient peut-être pas aussi grands que l'affirme
Ctésias. Et après avoir rappelé les propriétés
rafraîchissantes des feuilles et des jeunes pousses
du *pipal*, il essaie d'identifier ce mot « mal entendu
ou prononcé » avec parébon[1]. Il ne s'en est même
pas tenu là : dans ses « Notes complémentaires »
à ses premières identifications[2], remarquant que
bo est aujourd'hui le nom vulgaire du figuier
religieux, il n'a pas hésité, quelque invraisembla-
ble que fût le rapprochement, à voir dans ce voca-
ble le dernier élément du mot *parébon*. C'était à
la fois méconnaître les lois de la dérivation et
oublier que si les noms des plantes de Ctésias
sont quelquefois zends, ils ne sont pas sanscrits :

1. Pour rendre acceptable sa démonstration, Victor Ball suppose
que l'*l* final de *pipal*, autre forme de *pipal*, s'est changé en *n*.
2. *Further Notes on the Identification of the Animals and
Plants of India. (Proceedings, 3ᵉ série, vol. I, 1887, nᵒ 1,
p. 8).*

encore moins, bien entendu, peuvent-ils être hindouis.

Mais qu'était donc l'arbre parébon ? Il n'est pas impossible qu'en le décrivant Ctésias ait eu en la mémoire le figuier religieux ou le figuier d'Inde, dont il avait pu entendre parler ; mais si les racines de ces deux arbres, du second surtout, prennent un développement et ont un aspect bien fait pour frapper, elles ne possèdent aucune des propriétés que Ctésias attribue à celles du parébon, pas plus la propriété d'attirer les métaux ou les pierres — inutile d'ajouter les oiseaux et les agneaux — que de coaguler les liquides. Victor Ball a lui-même reconnu plus tard[1] que, dans ce dernier cas, Ctésias avait pu avoir en vue, non plus un figuier, mais quelque plante toute différente, comme le *Pedalium murex*, dont les feuilles, un fragment de tige ou de racine, jetés dans l'eau ou le lait, les coagulent en quelques secondes[2].

Un arbre non moins singulier et non moins difficile à identifier que le fabuleux parébon est celui auquel Ctésias a attribué le nom de *siptachora* ; ce qui complique le problème, c'est la confusion que présente la description qu'il en a donnée, ainsi que les interpolations que le texte paraît avoir subies[3]. C'est à propos du fleuve Hyparque que Ctésias a été amené à parler du *siptachora*.

1. *Further Notes*, p. 9.
2. Col. Heber Drury, *The Useful Plants of India*. Madras, 1873, in-8, p. 335.
3. « In Ctesiae loco vel ipsius Ctesiae incuria, vel qua vel verisi-

A une certaine époque de l'année, dit-il[1], l'Hyparque
se couvre d'ambre — ἤλεκτρον; — car dans la partie su-
périeure de la vallée montagneuse qu'il traverse, les arbres qui le surplombent laissent, pendant trente jours,
couler de leur tronc, comme le font l'amandier, le pin et
d'autres essences, des larmes de résine, qui se durcissent
en tombant dans l'eau. En indien ces arbres portent le nom
de *siptachora*, ce qui, en grec, signifie « doux », « savoureux[2] ». Ils fournissent d'ambre les habitants. Ils portent aussi des fruits réunis en forme de grappes de raisin,
et ayant chacun la grosseur d'une noisette.

Et après une description des Cynocéphales, qui
habitaient la même contrée, de leurs usages et de
leurs mœurs, Ctésias poursuit[3] :

Auprès de la source du même fleuve croît une fleur,
dont on retire une pourpre[4] qui n'est pas inférieure à celle
des Grecs, mais est beaucoup plus brillante. Là on rencontre aussi des insectes de la taille d'un escarbot — κάνθα-
ρος — et de couleur cinabre, avec des jambes excessivement
longues, et mous comme des vers[5]. Ils naissent sur les
arbres qui produisent l'ambre et ils en rongent et détrui-
sent les fruits, comme les pucerons dévastent nos vignes.
Les habitants écrasent ces insectes et s'en servent pour
teindre leurs robes, leurs tuniques et n'importe quelle
étoffe. Et cette couleur est préférable à la pourpre des
Perses.

milius, epitomatoris librariive negligentia duas diversas arbores con-
fusas esse facile adducar ut credam ». Wahlius apud C. Müller,
p. 100 b.

1. Fragment 19, p. 83 a.

2. Τῷ δενδρίῳ δὲ τούτῳ ὄνομα ἐστιν Ἰνδιστὶ σιπταχόρα· Ἑλλη-
νιστὶ σημαίνει γλυκύ, ἡδύ.

3. Fragment 21, p. 83 b.

4. Ἄνθος πορφυροῦν, ἐξ οὗ πορφύρα βάπτεται.

5. Le texte porte « comme les vers appelés σκώληξ ».

Et plus loin encore, revenant sur les Cynocéphales et leur manière de vivre, Ctésias ajoute[1]
qu'ils se nourrissent aussi des fruits doux au goût
du siptachora — l'arbre qui produit l'ambre —.
Et il raconte comment ils les font sécher, en
offrent en présent au roi des Indes avec des fleurs
de pourpre, de l'ambre et du pigment qui sert à
teindre, et vendent le reste de leur récolte aux
Indiens en échange de pain, de farine et de vêtements.

On remarquera combien de choses différentes
ont été réunies par Ctésias ou par ses éditeurs dans
les passages que je viens de citer : le siptachora,
sa résine et ses fruits, les fleurs et les insectes qui
fournissent la pourpre. Essayons de démêler ce
qui s'y trouve au juste. On a voulu voir d'abord
dans les insectes de Ctésias des cochenilles :
identification inadmissible puisque celles-ci ne
sont point indigènes dans l'Inde. Mais depuis
longtemps on s'accorde à y reconnaître le puceron
qui produit la laque (*Coccus lacca*)[2]. Quant à la
fleur de pourpre — ἄνθος πορφυροῦν —, sans se
demander si Ctésias l'avait bien réellement distin-
guée de la fleur du siptachora ou de la pourpre
qu'il produit, Victor Ball a identifié l'arbre qui la
porterait avec le *dhaura* (*Grislea tomentosa*) —
sansc. *dhâtri pushpaka, agnivâla* —, dont les fleurs

1. Fragment 22, p. 84 a.
2. W. Roxburgh, *Asiatic Researches*, vol. III, p. 473. — Chr.
Lassen, *Indische Alterthumskunde*, vol. II, p. 562. — Victor
Ball, *On identification, etc. (Proceedings*, 2ᵉ sér., vol. II, p. 332).

sont employées de nos jours à teindre en rouge la soie[1]. C'est là une hypothèse ingénieuse sans doute, mais ce n'est qu'une hypothèse.

Restent le siptachora et ses produits. Le nom de cet arbre n'est pas indien — ἰνδικόν —, comme le dit le texte, et il ne signifie pas seulement « doux », « savoureux » — γλυκύ, ἡδύ — : ainsi que *martichora*[2] — ἀνθρωποφάγος « mangeur d'hommes », dénomination du tigre, — dont il rappelle la composition, le mot siptachora est zend et formé, d'après Tychsen[3], de *shifteh* « doux » et de *chora* « manger ». Mais quel était donc ce siptachora ? Victor Ball suppose que Ctésias a confondu ensemble deux arbres différents : l'un le *khusam* (*Schleichera trijuga*), qui produit la laque ; l'autre le *mohwa* (*Bassia latifolia*) — sansc. *madhuka* —, dont le tronc et les branches exsudent une résine abondante. Mais si le khusam donne d'excellente laque, d'autres arbres de l'Inde aussi nourrissent les insectes qui la produisent[4], comme bien d'autres essences que le madhuka exsudent de la

<hr>

1. *Proceedings of the Academy of Dublin*, 2ᵉ sér., vol. II, p. 344. — Dietrich Brandis, *The Forest Flora of North West India*, London, 1874, in-8, p. 238.

2. Zend *martyahvara*.

3. *Versuch einer Erläuterung der von Ctesias angeführten Indischen Worte aus dem Persischen*, ap. Heeren, *Ideen über die Politik, den Verkehr und den Handel der alten Völker*, vol. I, p. 964. Je dois dire que je n'ai pu trouver aucune explication du mot *shifteh*. Lassen, *op. laud.*, vol. II, p. 647, note 1, avait déjà déclaré que, si le second élément de *siptachora* signifiait sans doute manger, il ne pouvait attribuer aucun sens au premier.

4. Lassen, *Indische Alterthumskunde*, vol. II, p. 562.

résine. De plus, dans cette hypothèse, il faut admettre que Ctésias aurait confondu avec les fruits les fleurs du madhuka, fleurs que les habitants mangent, fraîches ou séchées, et dont aujourd'hui encore on vend de grandes quantités sur les marchés[1].

On voit que de difficultés et d'obscurités présente l'identification du *siptachora* et de ses prétendus produits. Celle du *carpion* n'en offre pas de moins grandes, si elles sont moins nombreuses.

Il y a dans l'Inde, dit Ctésias[2], des arbres égaux en hauteur au cèdre et au cyprès, et qui ont des feuilles semblables à celles du palmier, un peu plus larges seulement, et dont les tiges ne poussent point de jets[3]. Ils produisent une fleur semblable à celle du laurier mâle, mais ne portent pas de fruits. On les appelle en indien *carpion*, en grec μυρορόδα. Ils sont rares. De leur tronc découlent des gouttes d'huile qu'on recueille avec de la laine et qu'on exprime ensuite et reçoit dans des vases d'albâtre. Cette huile est rougeâtre et un peu épaisse, mais tellement odorante que le parfum s'en répand à cinq stades au loin. Le roi de l'Inde en envoie au Grand Roi, et Ctésias rapporte en avoir vu et en avoir senti le parfum, auquel aucun autre ne peut être comparé.

La description de Ctésias est tellement vague qu'il est impossible de savoir de quel arbre il a voulu parler. On a supposé qu'il s'agissait du cinnamome[4] ou même du camphrier, encore que

1. Brandis, *The Forest Flora*, p. 290.
2. *De rebus indicis*, fragm. 28, p. 85.
3. Καὶ μασχαλίδας οὐκ ἔχει.
4. « Relandus hanc arborem cinnamomum esse existimat »,
    Jobl.r.

cet arbre ne croisse pas dans l'Inde, et ne fût pas
connu dans l'antiquité ; c'est la ressemblance lointaine entre le sanscrit *karpûra* « camphre » et le mot
carpion qui a amené Mac Crindle à proposer cette
singulière identification [1]. Victor Ball, partant, lui,
de ce que Ctésias dit des feuilles palmiformes du
carpion, a cru reconnaître dans cet arbre le *keora*
ou *kaida* (*Pandanus odoratissimus*) — sansc.
ketaki —, dont les fleurs odorantes servent à
fabriquer un parfum délicieux [2]; mais le keora
est plutôt un arbuste qu'un grand arbre, sa
tige n'exsude pas de substance huileuse et ses fleurs
n'ont aucun rapport avec celles du laurier. On
voit qu'ici, comme pour tous les arbres ou les
plantes dont a parlé Ctésias — le roseau d'Inde
excepté — il est impossible d'arriver à une identification certaine. Aussi peut-on dire que le médecin grec n'a contribué en rien à accroître la
faible connaissance que ses compatriotes avaient
de la flore de l'Inde : au commencement du
IVe siècle avant notre ère, cette flore était encore
presque complètement inconnue des Grecs. Il n'en
fut plus de même à la fin de ce même siècle.

Baehrens apud C. Müller, *De rebus indicis*, p. 103. — Lassen,
op. laud., vol. II, p. 565.

1. *Ancient India*, ap. V. Ball. (*Proceedings*, sér. 2, vol. II,
p. 342.

2. *Identification*, etc. (*Proceedings*, sér. 2, vol. II, p. 342).

II

L'expédition d'Alexandre mit un terme à l'ignorance dans laquelle les Grecs avaient vécu jusque-là au sujet de l'Inde et de ses produits ; plusieurs des compagnons d'armes du conquérant eurent à cœur de faire connaître à leurs compatriotes le pays qu'ils avaient parcouru et aidé à subjuguer. Tels furent Néarque, Onésicrite, Mégasthène surtout, qui, après avoir servi dans l'armée d'Alexandre, retourna plus tard dans l'Inde comme ambassadeur de Seleucus Nicator auprès de Sandracottus — Candragupta — et pénétra jusque dans la vallée du Gange. Leurs récits, par malheur perdus pour nous, révélèrent à leurs compatriotes la flore encore inconnue de l'Inde, et ils sont la source où ont puisé la plupart des écrivains de l'antiquité qui en ont parlé depuis : Théophraste avant tout, puis Strabon, qui leur doit presque tout ce qu'il en a dit[1], enfin Diodore et Arrien, pour ne citer que les principaux. Ce n'est pas que tous les renseignements fournis par les récits des contemporains d'Alexandre soient également dignes de foi ; leurs auteurs n'ont pas toujours été des observateurs irréprochables ; ils n'ont pas vu

---

1. Ainsi qu'à Ératosthène, il est vrai, mais lui-même ne pouvait guère en parler que d'après eux. A. Vogel, *De fontibus quibus Strabo in libro quinto decimo conscribendo usus sit.* Gottingae, 1874, in-8, p. 431.

d'ailleurs tout ce dont ils parlent, et, comme le leur reproche Strabon[1], « ce qu'ils ont vu, ils l'ont souvent mal vu, en courant et sans s'arrêter ». Il ne faut point s'étonner aussi de ne pas trouver toujours dans leurs descriptions cette exactitude rigoureuse, qui seule peut inspirer la confiance et entraîner la conviction. Quoi qu'il en soit, ces descriptions n'en sont pas moins précieuses, car ce sont elles qui les premières ont fait connaître dans l'Occident quelques-uns des représentants les plus beaux et les plus utiles de la flore hindoue, et nous ont appris quel était l'état de l'agriculture à la fin du ive siècle dans le nord-ouest de la Péninsule.

Ce qui frappa surtout les compagnons d'Alexandre, ce fut la fertilité de l'Inde, sa double saison de pluies, le grand nombre des cours d'eau qui l'arrosaient, les plantes alimentaires variées qu'on y cultivait et qui donnaient deux récoltes par an, mettant ainsi, comme le disait Mégasthène[2], ce pays fortuné — les temps sont bien changés — à l'abri de la disette. Outre les céréales proprement dites, le froment et l'orge, qu'on semait au commencement de l'hiver, on y cultivait en grand le millet et surtout le riz, ainsi qu'un autre grain, « semblable au froment », auquel Onésicrite, comme Mégasthène, donne le nom de *bosmoron*[3]

---

1. Τὰ δὲ πλεῖω λέγουσιν ἐξ ἀκοῆς καὶ ἃ εἶδον δὲ, ἐν παρόδῳ στρατιωτικῇ καὶ δρόμῳ κατείδασιν. *Geographica*, lib. XV, cap. 1, 2.

2. *Indica*, fragm. 8. — Strabo, *Geographica*, lib. XV, cap. 1, 20.

3. Strabo, lib. XV, cap. 1, 18.

et qui, d'après Ernst Meyer[1], serait probablement une espèce d'Éleusine (*E. coracana*) — le coracan. — On semait ces dernières céréales, ainsi que le sésame, vers le solstice d'été, avant l'époque des pluies. Théophraste, qui nous a laissé une description du riz, affirme, ce qui est vrai de l'Inde orientale, que c'était la céréale la plus cultivée de la Péninsule. On le semait dans les terrains humides ou, suivant Aristobule[2], au milieu même des eaux. Le naturaliste grec rapporte encore que les pois chiches, les lentilles et autres légumes de l'Occident ne croissaient pas dans l'Inde, mais qu'on y cultivait toutefois une plante analogue aux lentilles et qui, par son aspect, rappelait le fenugrec[3]. Mégasthène fait aussi mention des nombreux fruits sauvages et des racines aquatiques qui servaient à la nourriture des habitants.

Il faut ajouter à ces plantes alimentaires la canne à sucre; c'est elle évidemment que Néarque avait en vue, lorsque, parlant d'une espèce particulière de roseaux, il dit que dans l'Inde on n'a pas besoin d'abeilles pour faire du miel, car avec le fruit de cette plante on prépare du miel directement[5].

---

1. *Botanische Erläuterungen zu Strabons Geographie*. Königsberg. 1852. in-8, p. 64. Serait-ce ce grain que Théophraste, lib. IV. 4. 10. appelle une « espèce d'orge sauvage » ?

2. Strabo, *Geographica*, lib. XV. cap. 1. 18.

3. *Historia plantarum*. lib. IV, 4. 9 et 10.

4. *Indica*, fragm. 9. Ératosthène de son côté dit que l'Inde était riche en arbres fruitiers et en plantes à racines. Strabo. XV, 1, 20.

5. Strabo, *Geographica*, lib. XV, cap. 1, 20. Il semble qu'il

On voit seulement que Néarque ignorait encore la vraie nature de la canne à sucre[1]. Le sucre est un condiment, un autre condiment tout différent, mais non moins recherché depuis plus de deux mille ans, est le poivre, que les Grecs apprirent à connaître probablement à l'époque de l'expédition d'Alexandre ; car il est douteux que les ouvrages attribués à Hippocrate, où il est fait mention de ce condiment, soient réellement de ce grand médecin. En tout cas, Théophraste est le premier écrivain grec qui l'ait décrit :

Le poivre — πέπερι, — dit le naturaliste[2], en désignant cette plante par un nom dérivé du sanscrit *pippali*, est un fruit : il y en a de deux espèces : l'une a les grains ronds comme ceux de l'ers — ὄροβος ; — ils sont enveloppés d'une peau épaisse — κέλυφος — et ont la chair rougeâtre comme les graines du laurier. L'autre espèce a les grains allongés, noirs et semblables aux graines de pavot.

La description, du moins dans sa dernière partie, est loin d'être exacte ; celle que Dioscoride a donnée trois siècles plus tard ne l'est pas davantage[3] :

faille voir des cannes à sucre dans les « roseaux de haute taille à saveur naturellement très douce », dont parle aussi Eratosthène, d'après Strabon (XV, 1. 20). Bien qu'il y ait là peut-être, comme l'a remarqué E. Meyer, p. 18, une confusion entre le bambou et la canne à sucre.

1. Ce qu'il ajoute au sujet du fruit de la canne, qui « mangé cru enivre », est encore plus inexact ; aucun fruit de l'Inde n'est enivrant.

2. *Historia plantarum*, lib. IX. cap. 20. 1.

3. *De materia medica*, lib. II, cap. 188.

Le poivre est, dit-on, originaire de l'Inde ; c'est un arbre de petite taille, dont les fruits, allongés dans leur jeunesse comme des siliques ou des gousses, donnent le poivre long[1]. Ces gousses sont remplies de petits grains, semblables à du millet et qui, en se développant, deviennent enfin du poivre parfait.

Et après un passage qui n'offre aucun sens raisonnable[2], il ajoute, ce qui n'est pas plus exact, que « les grains encore acides constituent le poivre blanc[3] ». Dioscoride ignorait que le poivre noir et le poivre long sont produits par deux plantes très différentes, quoique de la même famille, et il ne savait pas davantage comment avec le premier, on obtient le poivre blanc.

Le poivrier noir (*Piper nigrum* L.) est une plante grimpante qu'on fait monter sur les arbres qui l'avoisinent : les fleurs en grappes spiciformes pendantes donnent des baies, qui deviennent rouges un peu avant la maturité complète : on les fait sécher au soleil et ils prennent alors une couleur foncée : c'est le poivre noir. Conservés à l'ombre et dépouillés de leur enveloppe par le frottement, les grains perdent leur couleur noire et donnent le poivre blanc[4]. Quant au poivre long, il était fourni

---

1. « Hac (siliquae), priusquam dehiscant, decerptae, tostaeque sole, faciunt quod vocatur piper longum. » Plinius, lib. XII, cap. 14 (7).

2. Πίπερι, ὅπερ κατὰ τοὺς οἰκείους καιροὺς ἀναπλούμενον, βότρυς ἐνίησι, κόκκους φέροντας, οἴους ἴσμεν.

3. « Paulatim dehiscentes (siliquae) maturitate, ostendunt candidum piper », dit Pline.

4. F. A. Flückiger et Daniel Hanbury, *Histoire des drogues*

probablement dans l'antiquité par le *Piper longum*
ou *Chavica Roxburghii*[1], plante frutescente, indigène dans le Malabar ou dans le Bengale oriental.
Les fruits de cette pipéracée, ovoïdes et longs de 2
millimètres environ, sont disposés en épis serrés de
4 centimètres de long à peu près sur 1 centimètre de
large. Ce sont ces épis qui, cueillis un peu avant la
maturité complète et séchés, constituent le poivre
long[2].

L'Inde renferme un grand nombre de plantes
industrielles, et les écrivains grecs du IVe siècle
n'ont pas manqué de le remarquer ; mais ils n'en
ont guère parlé que d'une manière générale. Ainsi
Onésicrite se borne à dire qu'elle produit beaucoup de poisons, beaucoup de racines salutaires
ou nuisibles, ainsi qu'une grande variété de plantes
tinctoriales[3]. Des nombreux textiles de l'Inde, les
historiens d'Alexandre n'ont mentionné aussi, et
encore d'une manière confuse, « que le coton, laine
qui pousse sur certains arbres » et qui, au dire de
Néarque[4], servait dans le pays à faire des toiles à
trame fine et serrée, mais que les Macédoniens employaient à rembourrer leurs matelas et les selles de
leurs chevaux. Dans ce coton employé comme

---

d'origine végétale, trad. par J.-L. de Lanessan. Paris. 1888, in-8,
vol. II, 338-341.

1. Il est surtout fourni aujourd'hui par le *Piper* ou *Chavica
officinarum*, originaire des Moluques.

2. F. A. Flückiger et Daniel Hanbury, *op. laud.*, vol. II,
p. 343.

3. Strabo, *Geographica*, lib. XV, cap. 1, 22.

4. Strabo, *Geographica*, lib. XV, cap. 1, 20.

bourre, il est difficile de voir autre chose que les fibres fournies par le *çalmali* (*Bombax malabaricum* D C.)[1] : mais on ne peut guère douter non plus que le coton qui servait à fabriquer les toiles à trame si fine, ne fût tiré du vrai cotonnier (*Gossypium herbaceum*), celui même que Théophraste paraît bien avoir décrit dans le passage de son Histoire des Plantes, où il parle des arbres à laine « avec lesquels on fait des vêtements ».

Leurs feuilles, dit-il[2], ressemblent à celles du sycomore, mais sont plus petites : on les prendrait pour des églantiers : on les plante en rangs dans les plaines, de sorte que de loin on dirait une vigne.

Et dans un autre chapitre[3], où il dit que les feuilles de ces arbustes ressemblent à celles de la vigne, il ajoute :

Au lieu de fruits ils portent des capsules de la grosseur d'une petite pomme, dans lesquelles la laine est renfermée[4] ; quand elles sont arrivées à maturité, on enlève cette laine, dont on tisse à volonté des étoffes — σινδόνες — grossières aussi bien que fines.

Quant aux étoffes qui, sous le nom de *sériques*,

1. Ernst Meyer. *Botanische Erläuterungen*. p. 68. ajoute l'*Eriodendron anfractuosum*.
2. *Historia plantarum*. lib IV. cap. 4. 8.
3. *Historia plantarum*. lib. IV. cap. 7. 7.
4. Pour Onésicrite. « la fleur des arbres à laine aurait eu une partie dure en forme de noyau qu'on n'avait qu'à enlever pour pouvoir carder le reste aussi aisément que la laine d'une toison ». Strabo, lib. XV, cap. 1, 21.

étaient faites, au rapport de Strabon[1], « avec le byssus que l'on carde, après l'avoir tiré de l'écorce de certains arbustes », il est difficile de se prononcer sur la nature de la matière première qui servait à les fabriquer. L'idée d'écorce, qui entraîne celle d'arbre, empêche de penser au *çana* (*Crotalaria juncea*) et aux textiles semblables : mais il pourrait bien être question de la *Calotropis procera* — sansc. *arka*[2] — dont l'écorce fournit des fibres soyeuses très recherchées. Les compagnons d'Alexandre ont décrit un si petit nombre de plantes industrielles de l'Inde qu'on ne doit pas être surpris qu'ils aient encore fait moins attention aux plantes d'ornement : la seule fleur dont ils aient fait mention est le lotus ou nélumbo (*Nelumbium speciosum*) — sansc. *padma* —, sans doute parce qu'ils l'avaient vu déjà en Égypte. Strabon raconte en effet[3], d'après Néarque, qu'Alexandre l'ayant aperçu dans l'Acésine, ainsi que des crocodiles dans l'Hydaspe, crut avoir découvert les sources du Nil.

On voit pour quelle raison les historiens du conquérant ont parlé de cette plante. Ils ont décrit aussi un certain nombre d'arbres, dont les dimensions prodigieuses ou certaines particularités avaient

1. *Geographica*, lib. XV, cap. 1, 20.
2. Ernst Meyer, *Botanische Erläuterungen*, p. 69. On pourrait ajouter aussi la *Marsdenia tenacissima*, arbre de la même famille.
3. *Geographica*, lib. XV, cap. 1, 25. Strabon lui donne le nom de « fève d'Égypte ».

attiré leur attention. Le figuier d'Inde (*Ficus indica*), « l'arbre des Banyans » — sansc. *nyagrodha* ou *vața* — les frappa surtout : tous en parlent aussi, si tous ne l'ont pas bien observé ou décrit. Aristobule en fait mention comme d'un arbre aux branches retombantes. Onésicrite, rapporte Strabon[1], dit que des branches arrivées à la longueur de douze coudées se courbent jusqu'à ce qu'elles aient touché le sol, où elles pénètrent pour repousser bientôt comme autant de tiges nouvelles. Les rameaux de ces nouvelles tiges, parvenues au degré de croissance convenable, se recourbent à leur tour, et ainsi se forment de nouveaux provins, puis d'autres encore et toujours de même : de sorte qu'un seul arbre, avec ses nombreux rejetons et son épaisse coupole de feuillage, forme comme une tente naturelle, qui peut servir d'abri contre le soleil de midi jusqu'à 50 hommes, affirme Aristobule — Onésicrite même dit jusqu'à 400. — Mieux renseigné, Théophraste[2] a bien vu que c'étaient les racines adventices, et non les rameaux recourbés du figuier, qui donnent ainsi naissance à une vraie forêt de rejetons, et il cite l'un de ces arbres dont l'ombre se serait étendue sur l'espace de deux stades. Le naturaliste grec parle aussi de la grosseur du tronc, qu'il exagère en lui donnant 40 à 60 pas de circonférence, de la petitesse des fruits, et il attribue à cet

---

1. *Geographica*, lib. XV, cap. 1, 21.
2. *Historia plantarum*, lib. IV, cap. 4, 4.

arbre, erreur qui se trouve aussi dans Strabon, des feuilles aussi larges qu'un bouclier, tandis qu'elles n'atteignent pas deux décimètres [1].

Strabon fait encore, d'après Aristobule, mention d'un autre arbre qui, dit-il [2], porte des gousses semblables à celles de la fève, mais longues de 10 doigts et toutes pleines de miel, ajoutant qu'on risque sa vie si l'on goûte seulement à ce miel. Cet arbre est évidemment le même dont Théophraste dit qu'il porte un fruit long, tordu et doux au goût, mais qui occasionne des douleurs d'entrailles et la dysenterie, ce qui fut cause qu'Alexandre défendit à ses soldats d'en manger. Sprengel a supposé qu'il s'agissait de la casse (*Cassia fistula*), dont les gousses ont 3 à 6 décimètres de long, mais dont la pulpe fortement purgative n'est pas sucrée [3]. Cette circonstance a fait croire à Ernst Meyer [4] qu'il était plutôt question du tamarin (*Tamarindus indica*), dont les gousses n'ont qu'un à deux décimètres, et renferment une pulpe acidulée, agréable au goût et réfrigérante, mais qui n'a jamais causé d'accidents mortels ou même d'indispositions sérieuses [5].

1. Elles sont ovales et n'ont que 4 à 8 pouces de long, suivant Brandis. *The Forest Flora*. p. 413. E. Meyer. *Botanische Erläuterungen*. p. 70, s'est demandé s'il n'y avait pas eu confusion entre les feuilles du figuier et celles du bananier, dont, chose surprenante, il n'est pas question dans les écrivains grecs.

2. *Geographica*. lib. XV. cap. 1. 21.

3. Brandis. *The Forest Flora*. p. 163-165.

4. *Botanische Erläuterungen*. p. 71.

5. Brandis. *The Forest Flora*. p. 169.

Dans ses *Indica*, Mégasthène faisait mention, suivant Antigone[1], d'arbres qui croissent dans les mers de l'Inde. Il ne peut être question que des mangliers, communs dans l'estuaire du Sindh, soit la *Rhizophora mucronata* ou la *Bruguiera gymnorhiza* L.[2]. Le même Mégasthène dit que la contrée située au delà de l'Hypanis produit l'ébène[3], arbre indigène dans l'Inde, et dont Théophraste parle également. Mais quand l'auteur des *Indica* rapporte que les montagnards du Nord vénéraient Bacchus et qu'il en donne pour preuve la présence, à l'état sauvage, dans leur pays, de la vigne, du lierre, du laurier, du myrte et du buis[4] : c'est une fable qu'il raconte et non un renseignement véridique qu'il donne sur la flore de cette région.

Le figuier de l'Inde et la casse ou le tamarin sont les seuls arbres dont Strabon ait parlé avec quelques détails, car il n'a fait que citer les noms des autres, ainsi que des sapins, des pins et des cèdres — des déodaras évidemment, — qu'Alexandre fit couper dans les forêts voisines des monts Émodes pour la construction de sa flotte[5]. Théophraste est mieux informé ou a mieux profité des

---

1. *Indica*, fragm. 17. *Historici minores*, éd. C. Müller, p. 411.
2. Brandis, *The Forest Flora*, p. 317-319. — *Proceedings of the Academy of Dublin*, vol. II (1885), p. 345.
3. Strabo, lib. XV, cap. 1, 37. Voir plus loin, p. 39.
4. Strabo, lib. XV, cap. 1, 58. Le lierre croît dans l'Himalaya, ainsi que le buis, mais on n'y trouve ni le laurier, ni le myrte. Brandis, p. 248, 447, 384 et 232.
5. *Geographica*, lib. XV, cap. 1, 29. Ernst Meyer, *Botanische Erläuterungen*, p. 72.

renseignements fournis par les compagnons du
conquérant. Outre le figuier d'Inde et le tamarin
ou l'arbre à casse, il en a décrit plusieurs autres[1].
L'un « était remarquable, dit-il, par ses grandes
dimensions, la grosseur et la saveur de ses fruits,
dont se nourrissaient les gymnosophistes ». On
peut reconnaître là, je crois, le manguier — sansc.
amra, — qui atteint souvent une hauteur considérable, et dont les fruits, s'ils ne sont pas fort
gros[2], sont très recherchés et jouent un rôle considérable dans l'alimentation des classes inférieu-
res. Théophraste mentionne ensuite un arbre dont
les feuilles oblongues étaient, d'après lui, « longues de deux coudées et rappelaient les plumes
d'autruche, qu'on attache sur les casques » : puis
un autre arbre, « dont les fruits ressemblaient aux
cornelles — κρανία — ». S'il est permis d'essayer
de déterminer des arbres, désignés d'une manière
aussi vague et succincte, je dirai qu'on peut voir
dans le premier une bignoniacée, et plus particu-
lièrement la *Bignonia indica* — sansc. *syonāka,
parpa* — bel arbre, dont les feuilles pinnées ont
de 1 à 2 mètres de long[3]. Quant au second, on
peut choisir entre le cornouiller à larges feuilles
(*Cornus macrophylla*) et le cornouiller à fleurs en

---

1. *Historia plantarum*, lib. IV, cap. 4, 5.

2. Leur longueur varie entre 2 et 6 pouces, dit Brandis, *Forest
Flora*, p. 136. — Lassen, *Indische Alterthumskunde*, vol. II,
p. 309, note, a voulu voir dans cet arbre un bananier, quoique le
bananier ne soit pas un arbre.

3. Brandis, *The Forest Flora*, p. 347. Les feuilles d'une autre
bignoniacée, la *Bignonia suberosa* n'ont que 3 à 4 décimètres.

tête (*Cornus capitata*)[1], dont les fruits comestibles pouvaient rappeler aux soldats d'Alexandre ceux du cornouiller mâle (*Cornus mas*) de leur patrie.

Théophraste affirme[2] que les régions montagneuses de l'Inde possédaient aussi la vigne et une espèce d'olivier. Onésicrite, si l'on en croit Strabon[3], dit également que la vigne croissait dans le royaume de Musican, et qu'elle y donnait d'importantes récoltes, témoignage isolé que rien n'est venu confirmer ou infirmer. On sait, au contraire, que la vigne réussit très bien dans la région du Nord-Ouest, où l'indique Théophraste[4]. Quant à l'espèce d'olivier qui, dit le naturaliste grec, tient le milieu entre l'olivier proprement dit et l'oléaster — κότινος, — ayant les feuilles plus larges que celles de ce dernier et plus étroites que les feuilles du premier, on doit évidemment l'identifier avec l'olivier à feuilles cuspidées (*Olea cuspidata*) de la région des monts Soliman et des montagnes Salées : mais cette espèce n'est pas stérile, comme le prétend Théophraste, et ses fruits peuvent, ainsi que ceux de l'olivier d'Europe, servir à faire de l'huile[5].

Parmi les arbres de l'Inde, Théophraste cite encore le terminthe — térébinthe — ou « un arbre

1. Brandis, *The Forest Flora*, p. 252-254. Il faut dire toutefois que Brandis n'indique pas ces cornouillers à l'ouest de l'Indus.
2. *Historia plantarum*, lib. IV, cap. 4.
3. *Geographica*, lib. XV, cap. 1, 22.
4. Brandis, *The Forest Flora*, p. 98.
5. Brandis, *The Forest Flora*, p. 307-308.

semblable au terminthe[1], dont il a du moins le feuillage, la ramure et l'aspect, mais son fruit est autre et ressemble à l'amande ». Il s'agit du pistachier, qui croît spontanément dans la Bactriane, comme l'affirme le naturaliste, mais qu'on rencontre aussi sur les pentes de la chaîne du Soliman et dans la vallée de Caboul. Théophraste donne, au contraire, comme exclusivement propre à l'Inde[2], l'ébénier dont il distingue deux espèces, l'une d'un beau grain, l'autre de mauvaise qualité : la première rare, la seconde commune : mais ayant toutes deux de nature leur belle couleur et ne la prenant pas à la longue. « Cet arbre, ajoute-t-il, est de petite taille, comme le cytise ». Il est difficile de savoir de quelle espèce d'ébéniers Théophraste a voulu parler, et si même il a eu en vue des espèces vraiment distinctes, ou seulement des variétés de bois, que l'âge ou le terroir aurait rendus différents. Deux espèces d'ébéniers, le *sissu* (*Dalbergia Sissoo*) — sansc. *sinsapa* — et le *tendu* ou *kendu* (*Diospyros melanoxylon*) sansc. — *tinduka*, — le premier plus grand, mais à feuilles qui ressemblent aux feuilles du cytise et à fleurs jaunâtres en grappes : le second plus petit, à feuilles entières et assez grandes, à fleurs solitaires, croissent l'une et l'autre dans la région visitée par les armées d'Alexandre et fournissent également un bois d'excellente qualité[3] : il est vraisemblable que,

---

1. *Historia plantarum*, lib. IV. cap. 4. 7.
2. Ἴδιον τῆς χώρας ταύτης. *Ibid.*, lib. IV. cap. 4. 6.
3 Brandis, *The Forest Flora*, p. 149 et 295.

sinon toutes deux, l'une au moins de ces espèces est l'ébénier dont parle Théophraste.

En terminant son énumération des arbres de l'Inde, le naturaliste ajoute que cette contrée était également riche en palmiers[1], mais sans en désigner aucune espèce. Mégasthène a fait mention d'un arbre qui ne peut être qu'un palmier, mais évidemment par ouï-dire, à en juger par la description inexacte qu'il en a donnée : Les Indiens, dit-il[2], se nourissent de l'écorce — φλοός — d'arbres qui, dans leur langue, s'appellent *tâla* et portent au haut de leur tige, ainsi qu'on le voit sur la cime des dattiers, comme des pelotons de laine.» Cette description reproduite par Arrien[3], ne saurait évidemment suffire pour faire reconnaître l'arbre dont parle l'historien d'Alexandre; mais le mot *tâla* désignant un palmier et, en particulier aujourd'hui, le palmier à éventail, on doit admettre que c'est d'un arbre de cette famille[4], sinon du *Borassus* lui-même, qu'il s'agit ici[5].

III

Le mot *tâla*, recueilli par Mégasthène, n'est pas

1. *Historia plantarum*, lib. IV, cap. 4, 8.
2. *Indica*, lib. II, 23. *Histor. fragmenta*, vol. II, p. 118.
3. Φοίνικα ἐπ' αὐτῶν καθάπερ τῶν φοινίκων ἐπὶ τῆς κορυφῆς οἷάπερ τολύπας.
4. *De rebus indicis*, lib. VII, cap. 3.
5. W. Hœrnle, *Epigraphical Note on Palmleaf*, p. 42.

le premier nom sanscrit qu'on rencontre dans un texte grec, les vocables σινδὼν, dérivé de *Sindhu*, et πέπερι, tiré de *pippali*, avaient déjà été employés, nous l'avons vu, le premier par Hérodote et Théophraste, le second par Théophraste, sinon par Hippocrate. Mais ces trois mots ne furent pas long-temps les seuls empruntés par le grec au sanscrit. A mesure que les relations commerciales se développèrent entre la Grèce et l'Inde, qu'un plus grand nombre des produits de cette dernière contrée pénétra dans le monde hellénique, un plus grand nombre de mots sanscrits ou dérivés du sanscrit pénétra aussi dans le grec.

Devenus maîtres de l'Asie antérieure, les Grecs cessèrent d'avoir recours à l'intermédiaire des Arabes pour se procurer les produits recherchés de l'Inde; leurs marchands allèrent eux-mêmes les acheter dans le pays qui les produisait. C'était des ports de la mer Rouge qu'ils partaient, et l'un d'eux nous a laissé le récit instructif de la navigation longue et parfois périlleuse qui conduisait de Bérénice sur les côtes de l'Inde[1], et il y a joint l'énumération détaillée des marchandises qui, de cette contrée, étaient importées dans les différents

voulu voir dans le tâla de Mégasthène un *Caryota urens*, dont la moelle fournit le sagou; mais Mégasthène parle d'écorce et non de moelle.

1. *Anonymi (Arriani, ut fertur) Periplus maris erythraei.* Ed. Car. Mueller. Parisiis. 1855. in-8. (*Geographi graeci minores.* vol. I. p. 257-305.) — B. Fabricius, *Der Periplus des erythräischen Meeres von einem Unbekannten. Griechisch und deutsch.* Leipzig. 1883. in-8.

entrepôts de la mer Rouge, du golfe Persique et de l'Océan indien ou qui en étaient exportées. Ce récit, attribué à Arrien, mais bien antérieur à cet écrivain, est un des monuments les plus précieux pour l'histoire du commerce au premier siècle de notre ère.

Je laisse de côté ce qui se rapporte à la Barbarie — βαρβαρικὴ χώρα — à l'Arabie et à la Perse, ainsi qu'aux marchandises qui en étaient exportées, et je me bornerai à examiner — ce qui rentre uniquement dans mon sujet — quelles denrées on allait chercher dans les ports de la côte hindoue. A chaque étape qui y est faite, le Périple nous donne les renseignements les plus curieux, non seulement au point de vue historique ou botanique, mais encore sous le rapport linguistique. Le récit prend désormais un caractère, je dirais presque un aspect particulier. Les mots d'origine étrangère y abondent. C'est d'abord γράα[1] — sansc. *graha*, — nom du crocodile, dont la présence, remarque l'auteur, signalait le voisinage des côtes de la Gédrosie : on se serait attendu à ce qu'il eût été l'embouchure du Sindh. C'est le nom de ce fleuve lui-même, qui n'est plus appelé Ἰνδός, mais Σίνθος, du sanscrit *Sindhu*[2].

C'est encore le nom de l'Inde proprement dite, Ἀριακή[3], désignée d'un mot dérivé du sanscrit

---

1. Αἱ λεγόμεναι γράαι (γράαι). Cap. 38.
2. Ποταμὸς Σίνθος. Cap. 38 et 40.
3. Ἡ ἔμπορος τῆς Ἀριακῆς χώρας. Cap. 14. 41. 54. L'Ariaké pour l'auteur du Périple, commençait à la Narbada ; plus au nord

arya, ainsi que celui de l'Inde méridionale — le Dekkan — Δαχιναβάδης, dans lequel on reconnaît le prakrit *Dakeiṇábadha*, sansc. *Dakshiṇápatha*, « région du sud ». comme l'auteur l'explique lui-même[1]. Les formes sanscrites ou prakrites ne se rencontrent pas seulement dans les noms géographiques, on les trouve aussi, ce qui a pour nous un intérêt plus immédiat, dans les noms des plantes et des produits végétaux de l'Inde.

Les descriptions des historiens d'Alexandre et surtout de Théophraste nous ont fait connaître déjà une partie de ces plantes et de ces produits : le Périple nous en révèle un certain nombre d'autres, appartenant surtout à la flore industrielle ou alimentaire de la Péninsule. Les produits végétaux de ce grand pays étaient exportés dans l'Occident par deux ports principaux, ceux de Barbarikon, près de l'embouchure de l'Indus, et de Barygaza[2], aujourd'hui Baroteh, sur la Narbada. C'étaient d'abord du blé[3], du riz[4]. l'incertain bosmoron[5], apportés des contrées fertiles de l'intérieur à Barygaza, d'où on les exportait dans les divers entrepôts des côtes du golfe Persique, de l'Arabie

était la Scythie — Σχυθία —. l'Indoscythie de Ptolémée. ainsi nommée depuis l'occupation du bassin de l'Indus par les Touraniens. Cf. Fabricius, *Periplus*. p. 149.

1. Cap. 50. Δαχιναβάδης χαλεΐται ή χώρα· δέχανος γάρ χαλεΐται ὁ νότος τῇ αὐτῶν γλώσσῃ.

2. Sansc. *Bharukaccha*. Lassen. vol. II. p. 532.

3. Cap. 14, 31. 32. 41.

4. Cap. 14. 31. 41.

5. Cap. 14. 41.

et de la mer Rouge, ainsi parfois que dans l'île de Dioscoride — Socotora [1] —. C'était encore de l'huile de sésame [2] de même origine et transportée dans les mêmes lieux.

Outre les céréales et le sésame, on exportait aussi, de Barygaza le « miel de roseau, appelé σάκχαρι » [3], c'est-à-dire le sucre, dont le nom dérivé du prakrit *sakkar*, sansc. *çarkara* « sucre en grain », apparaît ici pour la première fois. Dioscoride connaissait aussi ce nom [4], et il dit du sucre « qu'il ressemblait au sel et se cassait comme lui sous les dents », indication d'où l'on peut conclure, je crois, qu'il avait vu ce précieux condiment [5]. De Barygaza, ainsi que des ports bien moins importants et plus méridionaux de Nelkynda [6] et de Bakaré, situés sur le Baris — Candragiri —, on exportait aussi le poivre, le long comme le noir [7]. Il y était apporté surtout de la contrée de Cottonara [8], qui en produisait et en produit encore de grandes quantités.

Après les céréales et les épices, le coton — κάρπα-σος, sansc. *karpasa* — et les étoffes que ce textile

1. Cap. 30. Sansc. *dcipa sukhatara* « île heureuse ».
2. Cap. 14. 32. 41.
3. Μέλι τὸ καλάμινον τὸ λεγόμενον σάκχαρι. Cap. 14.
4. *De materia medica*, lib. II. cap. 104.
5. On peut en dire autant de Pline « Saccaron… gummium modo candidum, dentibus fragile ». *Hist. nat.*, lib. XII. 17.
6. Sansc. Nilakaṇṭha, aujourd'hui Nilegvara, Neli-ceram. Fabricius, *Der Periplus*, p. 160.
7. Πέπερι μακρόν, cap. 49. — Πέπερι, cap. 56.
8. Κοττωναρική. Katudinaḍa. d'après Lassen, *op. laud.*, vol. II.

précieux servait à fabriquer[1] dans la Péninsule formaient une des branches les plus importantes de son commerce d'exportation. On le voit à la fréquente mention qui en est faite[2] et au grand nombre de ports où ces marchandises étaient importées. Elles étaient d'espèces les plus diverses, plus ou moins fines ou communes, larges ou étroites[3]. On les exportait surtout de Barygaza, où elles étaient apportées de la contrée voisine, fertile en coton, comme en céréales.

L'Inde exportait aussi des matières colorantes. Tel était le lycium — *rusot* —, couleur jaune extraite de deux espèces d'épine-vinette — les *Berberis Lycium* et *tinctoria* —, qui croissent, la première, dans le nord-ouest du moyen Himalaya, la seconde, dans l'Himalaya et les montagnes de l'Inde méridionale[4]. Le lycium était indifféremment exporté par les ports de Barbarikon et de Barygaza[5]. De Barbarikon on exportait aussi une autre substance tinctoriale, l'indigo — ἰνδικὸν μέλαν —. Le Périple n'en fait mention qu'une fois[6], ce qui semble bien prouver qu'il était encore peu connu. Dioscoride le regardait comme produit

---

1. Κάρπασος καὶ τὰ ἐξ αὐτῆς Ἰνδικὰ ὀθόνια τὰ χονδρά. Cap. 41.
2. Cap. 6, 14. 32. 39. 41. 49.
3. Ὀθόνιον Ἰνδικὸν πλατύτερον ἡ λεγομένη μολοχίνη, καὶ ἡ σαγματογήνη. Cap. 6. — Ὀθόνια παντοῖα καὶ σηρικὸν καὶ μολόχινον. Cap. 49. — Σινδόνες, cap. 6, expression que Mac Crindle traduit par « fine muslins ». *The commerce and navigation of the Erythraean sea*. London, 1874, in-8, p. 54.
4. Brandis. *The Forest Flora*. p. 14.
5. *Periplus*, cap. 39 et 49.
6. Cap. 39.

par l'écume du roseau d'Inde [1]. A ces deux couleurs
d'origine végétale il faut ajouter la laque [2], couleur
d'origine animale, dont j'ai eu l'occasion de parler
plus haut, et qui était exportée de Barygaza dans
les ports de la mer Rouge.

Un article d'exportation tout différent était
formé par des bois de construction destinés aux
ports d'Apologos et d'Ommarra, situés au fond du
golfe Persique [3]. On en expédiait de gros charge-
ments du port de Barygaza. Mais quels étaient ces
bois? L'incertitude d'une partie du texte : πλοῖα...
δοκῶν κεράτων καὶ φαλάγγων σασαγίνων καὶ ἐβενίνων, a
donné lieu aux interprétations les plus diverses. Il
n'y a pas de difficulté toutefois au sujet de φαλάγγων
ἐβενίνων; il s'agit de solives d'ébène, arbre indigène
dans l'Inde, comme nous le savons par le témoignage de Théophraste. Il peut se faire seulement
qu'il soit ici question d'une espèce différente des
variétés d'ébène dont parle le naturaliste grec:
comme il s'agit vraisemblablement dans le passage
du Périple en question d'un bois de l'Inde méridionale, j'inclinerais à voir dans les φαλάγγαι ἐβεναι
des solives de *Diospyros ebenum*, arbre du Dekkan [4].

Si tout le monde est d'accord sur la significa-

---

1. Οἶνοι ἐπιγραμμάτων τῶν ἰνδικῶν καλάμων. *De materia medica*,
lib. V, cap. 107. Il en est de même de Pline, lib. XXXV, cap. 6
(27).

2. Λάκκος χρωματίνας, cap. 6, « Lacus colorens », traduit C.
Müller, « Gum-lac : yielding lake », dit Mac Crindle. Fabricius,
lui, voit là des « mit Lackfarbe getränkte baumwollene Zeuge ».

3. Cap. 36, Fabricius, *Der Periplus*, p. 146-147.

4. Brandis, *The Forest Flora*, p. 298.

tion des deux vocables φαλάγγων ἐβενίνων, il en est
tout autrement à propos des quatre mots qui les
précèdent. On a trouvé étrange la mention de
cornes entre celle de poutres et de solives[1]: cette
considération a conduit Fabricius à changer κεράτων
en κερατίνων, dérivé hypothétique de κερατία qu'il
traduit, chose singulière, par « de teck »[2], encore
que le mot κερατία signifie caroubier. Je ne veux
pas examiner ce que vaut la correction au point
de vue paléographique ou grammatical: je me
borne à remarquer que le caroubier, arbre médi-
terranéen, n'existe pas dans l'Inde[3], et que rien
n'autorise à donner à κερατία le sens de teck. Quoique la leçon ne soit peut-être pas irréprochable,
je conserve aussi κεράτων « cornes », avec Karl
Müller et Mac Crindle.

L'expression φαλάγγων σησαμίνων est encore plus
embarrassante que le mot κεράτων, parce que son
second élément n'existe pas en grec. On a songé
à le remplacer par σησαμίνων[4]; mais il ne peut être
question de solives ou de poteaux de sésame, cette
plante annuelle ayant à peine un mètre de haut.
Aussi Karl Müller et Mac Crindle ont-ils préféré
conserver la forme σησαμίνων[5], sans chercher à l'ex-

---

1. Fabricius. *Der Periplus*. p. 75. note 5.
2. « Balken vom Teakbaume ». p. 75.
3. Brandis. *The Forest Flora*. p. 166.
4. « Hasti di Sesama ». traduit Ramusio. Fabricius. *Der Periplus*. p. 75. note 5.
5. « Phalangum sasaminorum ». traduit Müller: « logs of sa-
samina ». traduit de son côté Mac Crindle. *The commerce and
navigation*. p. 45.

pliquer. Fabricius a procédé autrement ; il a remplacé σαγαλίνων par συκαμίνων « de sycomore »[1]. Cette seconde correction du savant éditeur du Périple n'est pas plus heureuse ou légitime que la première. Le bois de sycomore n'est pas d'aussi bonne qualité que Fabricius le dit d'après Blümner[2] ; de plus cet arbre ne croissant pas dans l'Inde, il est impossible que Barygaza en ait jamais expédié de solives dans les entrepôts du golfe Persique. Quelque téméraire que cela soit peut-être, je proposerai une autre correction. ce serait de substituer à l'inconnu σαγαλίνων un dérivé de çâka. nom sanscrit du teck — par exemple σακκίνων. — Il s'agira alors de « solives » ou de « poteaux de teck », bois que l'on a exporté de bonne heure. on le sait. dans la région du bas Euphrate. On a trouvé des poutres en teck dans les ruines de Tak i Kesra[3]. qui remonte au temps des Sassanides, et la ville de Siraf. située près de l'embouchure de l'Euphrate. a été construite en bois de teck[4].

Avant les vocables δοκῶν καρπάτων. il y a dans le manuscrit les deux mots ξύλων σαγαλίνων, que Stuck a traduits par « lignis sagalinis ». Ramusio par « legno sagalino »[5] ; mais personne ne connaît le « bois

1. Sprengel a fait ce changement dans Dioscoride. lib. I. cap. 139. où il est explicable : il ne l'est pas dans le Périple.
2. *Technologie und Terminologie der Gewerbe und Künste bei Griechen und Römern.* Leipzig. 1879. in-8. vol. II. p. 278.
3. Carl Ritter. *Die Erdkunde.* vol. V. p. 813.
4. Gildemeister. *Scriptores arabici de rebus indicis.* ap. Lassen. vol. I. p. 299.
5. Fabricius. *Der Periplus.* p. 75. note 5.

sagalin » ; aussi la plupart des éditeurs ou traducteurs ont-ils remplacé σαγαλίνων par σανταλίνων ou σανταλίνων, correction proposée déjà par Saumaise[1] ; il s'agirait ainsi de « bois de santal » (*Santalum album*) — sansc. *candana* —, indigène dans l'Inde méridionale, en particulier dans le Mysore, au delà des forêts de teck[2]. Un autre bois de même espèce, le santal rouge (*Pterocarpus santalinus*), qui croît aussi dans le Dekkan, aurait été exporté, de temps immémorial, dans l'Asie antérieure, si on l'identifie, comme Max Müller l'a proposé, avec l'*algum* de la Bible[3] — sansc. *valguka* — ; mais le Périple est le plus ancien texte grec qui fasse mention du santal.

C'est à cause du parfum qu'il exhale que le bois de santal était recherché, comme tous les autres aromates, dont l'emploi jouait un si grand rôle dans la vie des Anciens. L'Inde en produisait quelques-uns des plus précieux, qui de bonne heure furent exportés dans l'Asie occidentale et pénétrèrent jusqu'en Europe. Mais les Grecs en ignoraient le lieu de provenance et ils les crurent longtemps originaires de l'Arabie, dont les marchands eurent pendant des siècles, avec les Phéniciens, le privilège de les fournir à l'Occident. « Dans l'Arabie seule,

---

1. *Exercitationes Plinianae*, p. 726.
2. Carl Ritter, *Die Erdkunde*, vol. V, p. 8. J. D. Hooker, *The Flora of British India*, vol. V, p. 231.
3. Ou *almug*, Reges, X, 11, 12. Chron. IX, 11. William H. Groser, *The Trees and Plants mentioned in the Bible*, London, 1895, in-8, p. 37-38.

dit Hérodote[1], croissent l'encens et la myrrhe, le cassia, le cinnamome et le ladanum. » Deux siècles plus tard cette manière de voir avait changé. « Suivant Onésicrite, au rapport de Strabon[2], la partie méridionale de l'Inde produisait le cinnamome, le nard et les autres parfums, tout comme l'Arabie et l'Éthiopie. »

Le renseignement, on le verra, est loin d'être complètement exact; mais on savait enfin que l'Inde était un des pays producteurs des aromates; on ne l'oubliera plus. Après avoir dit[3] que « la plupart d'entre eux venaient des régions du midi et du levant », Théophraste, revenant plus loin sur cette question pour la préciser, ajoutait:[4]

Une partie des aromates nous est apportée de l'Inde par bateaux; une autre partie vient de l'Arabie, tel que le cômacum[5], pour ne pas parler du cinnamome et du cassia. Les uns disent que le cardamome et l'amome sont originaires de la Médie, les autres de l'Inde, ainsi que le nard et tous les autres ou la plupart des autres aromates.

On voit quelle incertitude régnait encore à la fin du siècle d'Alexandre sur la vraie patrie des aromates les plus recherchés. On savait déjà, ou on sut bientôt sans doute, que le baume, le calamus et le jonc aromatique croissaient en Syrie[6].

1. *Historiae*, lib. III, cap. 107, 1.
2. *Geographica*, lib. XV, cap. 1, 22.
3. *Historia plantarum*, lib. IX, cap. 4, 1.
4. *Historia plantarum*, lib. IX, cap. 7, 3.
5. Le cômacum était, il semble, une résine exsudée par un baumier; il en était de même du cancamum.
6. Théophrastes, *Historia plantarum*, lib. IX, 6, 1; 7, 1.

ainsi que le galbanum; que le crocus et le styrax[1]
venaient dans l'Asie antérieure; que le meilleur
ladanum se recueillait en Crète[2]; que l'Europe même
produisait l'iris[3]; mais on était loin encore d'être
fixé, au premier siècle de notre ère, sur le lieu
d'origine des aromates importés des pays éloignés.
Il n'y avait accord qu'au sujet de l'encens et de
la myrrhe, qu'on regardait généralement, depuis
Hérodote, comme venant de la péninsule arabi-
que[4]. On ajoutait maintenant la côte des Aromates — le pays des Somalis — en Afrique[5]. C'était
des mêmes contrées qu'on croyait aussi originaires
le cinnamome et le cassia[6]. Cependant on finit par
avoir des doutes sur ce point. « Quelques auteurs,
remarque Strabon[7], prétendent que la plus grande
partie du cassia, que les Arabes exportent, vient
de l'Inde. » Et Pline déclarait[8] que l'Arabie ne
produisait ni le cinnamome, ni le cassia. Quelle
était donc la patrie de ces aromates? Et quels
étaient-ils eux-mêmes?

Ce qui a contribué à obscurcir la question et
en a rendu la solution si difficile, ce sont les fa-

1. Strabo, *Geographica*, lib. XII, cap. 3.
2. Dioscorides, *De materia medica*, lib. I, cap. 128.
3. *Historia plantarum*, lib. IX, cap. 7, 4.
4. Theophrastes, *Historia*, lib. IX, cap. 4, 1. — Strabo, lib.
XVI, cap. 1, 4 et 19. Dioscoride connaissait aussi une espèce d'encens indien. Lib. I, cap. 81.
5. Strabo, lib. XVI, cap. 1, 25.
6. Theophrastes, lib. IX, cap. 4, 2. — Strabo, lib. XVI, cap. 1,
19 et 25. — Dioscorides, lib. I, cap. 12 et 13.
7. Lib. XVI, cap. 1, 25.
8. Lib. XII, cap. 41 (17).

bles dont la récolte du cinnamome et du cassia ont été entourées à l'origine[1], les variétés diverses qu'on en supposait exister[2], simples surnoms tirés du lieu d'où on les recevait : enfin, la confusion qui paraît avoir existé parfois entre le cinnamome et le cassia. Théophraste n'établit guère d'autre distinction entre les arbres qui les fournissaient que l'épaisseur plus grande des rameaux du second. L'un et l'autre, d'après lui[3], étaient des arbustes touffus et semblables à l'Agnus-Cassus ou gattilier. On coupait, dit-il, des branches du cinnamome de manière à en faire cinq parts ; chaque part fournissait une *sorte* particulière d'écorce, celle des rameaux les plus jeunes étant la meilleure. On procédait de même pour préparer le cassia : seulement on fendait préalablement les rameaux et on les cousait dans des peaux fraîches : les vers qui naissaient de la pourriture des peaux et du bois dévoraient celui-ci, mais épargnaient les écorces, qu'on recueillait alors soigneusement. Ce récit fabuleux montre combien peu encore on connaissait la vraie origine du cassia comme du cinnamome. Le Périple, qui ne parle que du premier, le fait croître dans le pays des Aromates[4] : et, d'après lui, c'était des ports de cette région qu'il était exporté[5].

1. Herodotus. lib. III. cap. 107-109. — Theophrastes. lib. IX. cap. 5, 2.
2. Dioscorides. lib. I. cap. 12 et 13.
3. *Historia plantarum.* lib. IX, cap. 5. 1. Galien va jusqu'à dire qu'on pouvait les substituer l'un à l'autre.
4. Τὸ δὲ πλεῖστον ἐν αὐτῇ γίνεται κασσία. cap. 13.
5. Cap. 8. 10 et 13.

L'auteur du Périple est dans l'erreur comme ses devanciers[1]; ce n'est ni de l'Arabie, ni du pays des Aromates que venait en réalité le cassia, ainsi que le cinnamome, mais de l'Inde; ces aromates ne sont autre chose que l'écorce de certains lauriers ou cinnamomes de cette contrée, non toutefois le cinnamome de Ceylan — *Cinnamomum zeylanicum* — le vrai cannelier, qui paraît bien avoir été inconnu des anciens[2], mais des *Cinnamomum obtusifolium* Nees (*Laurus obtusifolia* Roxb.) ou *iners* Reinw. (*L. nitida* Roxb.[3]. Le produit d'un autre cinnamome, bien connu, lui, comme originaire de l'Inde, est le *malabathron*, qu'on exportait en grande quantité du port de Barygaza[4], ainsi que de Ganges. Mac Crindle, après Vincent, a voulu y voir le bétel (*Chavica Betle*): tout autre en réalité est le malabathron; comme on l'a remarqué depuis longtemps, le nom de ce produit est une corruption évidente du sanscrit *tamâlapattra* « feuille de de tamâla », espèce de lauracée (*Cinnamomum tamala* D C.) de l'Himalaya central et oriental[5].

1. Tout dernièrement, Reinh. Siegmund, a encore voulu soutenir l'origine africaine du cassia. « Es steht über allem Zweifel fest, dit-il, dass Cassia wenigstens zur Zeit des Dioscorides und des Plinius, sowie des Verfassers des Periplus, in grosser Menge in Ostafrika wuchs. » *Die Aromata in ihrer Bedeutung*, etc. Leipzig, 1884, in-8, p. 28.

2. On n'en trouve du moins aucune mention avant le xiiie siècle. Tennent. *Ceylon*, vol. I, p. 575.

3. Brandis. *The Forest Flora*, p. 374-375. « It is supposed, dit Drury. *Useful Plants*, p. 138, en parlant du *C. iners*, to have furnished the cassia of the ancients. »

4. *Periplus*, cap. 56, 63 et 65.

5. C'est le *Laurus Cassia* de Roxburgh, *Flora indica*, vol. II, p. 297.

À l'incertitude que présente l'origine de l'Amomum et du Cardamomum, deux autres aromates célèbres dans l'antiquité, se joint celle où l'on est sur la nature véritable des plantes auxquelles ces noms étaient attribués. Théophraste n'en a point donné la description : Dioscoride[1], lui, et il en est de même de Pline[2], représente l'amomum comme la grappe d'une vigne grimpante à petites fleurs blanches, et il lui donne pour lieu d'origine l'Arménie et la Médie. Le pharmacologue grec nous renseigne d'une manière encore plus incomplète au sujet du cardamome : mais il le fait venir de l'Inde[3]. On serait tenté de croire d'après cela qu'il n'était peut-être autre qu'un des cardamomes des officines actuelles, soit l'*Elettaria* ou l'*Amomum Cardamomum*, scitaminées des forêts montagneuses du Canara, du Malabar ou du Travancore[4]. Il est probable que l'amome, auquel le cardamome ressemblait, d'après Pline, était, comme lui, une scitaminée et, comme lui aussi, venait en réalité de l'Inde. On voit ces deux substances soumises aux droits de la douane romaine d'Alexandrie vers l'an 156-180 de notre ère[5]. Dioscoride mentionne aussi une espèce de cyperus, qui croissait dans l'Inde et ressemblait au gingembre[6],

1. *De materia medica*, lib. I, cap. 5.
2. *Historia naturalis*, lib. XII, cap. 28.
3. *De materia medica*, lib. I, cap. 15.
4. Drury, *Useful Plants*, p. 192.
5. Vincent, *The Commerce of the Ancients*, London, 1807, in-4, vol. II, p. 698.
6. *De materia medica*, lib. I, cap. 4.

mais dont la racine aromatique avait une teinte jaunâtre : il s'agit probablement du curcuma.

Chose surprenante, le Périple ne parle ni de l'amome, ni du cardomome : mais il fait mention de trois autres aromates plus célèbres ; le costus, le nard, et le bdellium, qu'on exportait des ports de Barbarikon et de Barygaza [1]. Théophraste s'est borné à citer les deux premières, sans en donner la description. Dioscoride distingue le costus d'Arabie et celui de l'Inde ; il parle aussi d'une troisième espèce d'origine syrienne [2] : évidemment il s'agit là de plantes différentes. Le costus de l'Inde, *Auklandia costus* — sanse. *kushtha* —, est une composée originaire de la région moyenne de l'Himalaya et recherchée à cause de l'odeur aromatique de sa racine [3]. Ainsi que de costus, Dioscoride connaissait plusieurs espèces de nard : l'indien, le syrien et le celtique : mais toutes ces espèces appartenaient au même genre de plantes, la valériane. Le nard de l'Inde (*Valeriana* ou *Nardostachys Jatamansi*), identifié d'abord par sir William Jones [4], est une plante à longue racine pivotante et velue, qui croît dans la région nord-ouest de l'Himalaya, le Cachemire et la vallée de Caboul. On distinguait une variété particulière de nard, dite gangétique, qui était exportée par les ports de Bakarè et de

1. Cap. 39, 48 et 49.
2. *De materia medica*, lib. I, cap. 15.
3. Lassen, *Indische Alterthumskunde*, vol.I, p. 337.
4. *On the spikenard of the Ancients*. (*Asiatic Researches*, vol. II, p. 405 et suiv.).

Nelkynda, ainsi que par celui de Ganges, situé près d'une des bouches du fleuve dont il portait le nom[1].

Le costus et le nard étaient des racines aromatiques ; le bdellium était une résine analogue à l'encens ; elle était produite par un baumier (*Balsamodendron Mukul*) — hind. *gûgal* —, abondant au milieu des rochers du Sindh et de la province de Kattiavar, ainsi que dans le Bélouchistan[2]. Ce n'était pas là le seul baumier de l'Inde[3], si c'était le seul dont on exportât la résine. On y trouvait aussi des arbres à encens ou olibans, en particulier la *Boswellia thurifera* Coleb. ou *serrata* Stackh.[4], commun dans le Bihar, le Dekkan et les Ghates occidentales : est-ce de cet arbre que provenait l'encens indien brunâtre et arrondi en petits cylindres dont parle Dioscoride[5]? Il est impossible de le dire. Il n'est pas plus facile de se prononcer sur la vraie nature d'une autre substance appelée *Agallochon* par le pharmacopole grec[6], laquelle était, d'après lui, un bois importé de l'Inde et de l'Arabie, odorant et semblable au bois de thuya : on l'a identifiée avec le bois d'aloès (*Aquilaria agallocha*), thyméléaise du Silhet et du Tippera, ou même

1. *Periplus*, cap. 56 et 63.
2. Brandis. *The Forest Flora*, p. 63
3. Drury. p. 62. indique dans l'Assam le *B. agallocha*.
4. Hooker. *Himalayan Journals*, v. I. p. 29. — Brandis, *The Forest Flora*, p. 62.
5. *De materia medica*, lib. I, cap. 81.
6. *De materia medica*, lib. I, cap. 21. — Lenz, *Botanik der alten Griechen*, p. 733.

avec l'*Excœcaria agallocha*, euphorbiacée de l'Inde orientale, qu'il serait surprenant de voir déjà mentionnée.

Telles étaient les plantes de l'Inde que les Grecs connaissaient au premier siècle de notre ère. La liste en est courte, en égard à la richesse de la flore de cette vaste contrée : les écrivains des siècles suivants ne devaient guère l'allonger. Arrien, comme Diodore avant lui, n'a fait que répéter dans ses *Indica*, sans les vérifier ou les corriger, les renseignements qu'il trouvait dans les historiens d'Alexandre ; il ne sut rien de plus qu'eux au sujet de l'Inde et de ses produits. Philostrate ne nous en apprend pas davantage. Romancier insoucieux de la vérité, il ne s'est complu qu'à raconter des légendes et à faire les descriptions les plus invraisemblables. Telle la légende de la culture de la vigne apportée dans l'Inde par Bacchus[1] ; le sanctuaire du dieu entouré de lauriers autour desquels s'enlaçaient des pampres et des lierres. Le coton produit par un arbre dont le tronc rappelle celui du peuplier et la frondaison, la feuille du saule[2]. Le Caucase, couvert d'arbustes qui produisent les aromates, et ses sommets glacés couronnés de cinnamomes, semblables à des vignes, dont les chèvres seules savent découvrir les parfums. Les arbres à encens se dressant au milieu des rochers abruptes de la haute montagne, avec bien d'autres épices, en particulier les poivriers, arbres semblables

1. *Vita Apollonii*, lib. II, cap. 8 et 9.
2. *Ibid.*, lib. II, cap. 20.

au gattilier et aux fleurs en grappes, dont les singes récoltent les fruits[1].

C'est encore la description de la plaine arrosée du Gange, fertile en toute sorte de productions, où le blé atteint la hauteur des roseaux, les fèves sont trois fois plus grosses que celles d'Égypte, le sésame et le millet d'une grandeur inaccoutumée ; où l'on voit enfin un arbre semblable à un laurier, portant des fleurs, qui rappellent en grand celles du grenadier, et au milieu de ces fleurs un fruit azuré[2].

Il fallait que l'Inde et ses produits fussent encore bien inconnus pour qu'il fût possible d'en faire des récits aussi fabuleux. Rien ne devait de longtemps dissiper la nuit qui entourait cette contrée. Je pourrais aussi arrêter là la revue des écrivains qui en ont parlé. Il est un ouvrage cependant, postérieur de trois siècles à la vie d'Apollonius, dont il me faut dire un mot : c'est la *Cosmographie chrétienne* de Cosmas Indicopleustès[3]. Le onzième livre qui renferme une description de divers animaux et plantes de l'Inde, ainsi que de la Taprobane — Ceylan — mérite de fixer l'attention par quelques renseignements précieux qu'on y trouve sur la flore de la Péninsule et de l'archipel Indien. Avant d'être moine, Cosmas avait été marchand :

1. *Vita Apollonii*, lib. III, cap. 4, 1 et 2.
2. *Ibid.*, lib. IV, cap. 5.
3. Χριστιανικὴ τοπογραφία. Éd. Migne, in-4. (Patrologie grecque, vol. LXXXVIII). — *The Christian Topography of Cosmas, an Egyptian Monk*, translated by Mac Crindle. London, 1897, in-8.

il a voulu faire profiter ses compatriotes des connaissances qu'il avait acquises dans ses voyages, et il ne s'est pas borné à décrire les objets dont il parle, il a joint à ses descriptions des dessins qui les mettent sous nos yeux et permettent de s'en faire une idée plus exacte. C'est ainsi qu'il nous montre « les tiges faibles et ténues du poivrier, s'enlaçant comme les tendres pousses d'une vigne, autour d'un arbre élevé, » qui se trouve à sa portée[1].

C'est ainsi encore que nous voyons un arbre « qui porte des fruits appelés *argellia* — sansc. *narikela*, — c'est-à-dire noix d'Inde[2]. » Il s'agit du cocotier. « Il ne diffère en rien, dit Cosmas, du dattier, si ce n'est qu'il est de taille plus grande, a un tronc plus gros et des frondes plus larges. Il ne porte que deux ou trois spadices floraux, chacun ayant autant de fruits[3]. Le goût de ces fruits est doux, très agréable, et semblable à celui des noix vertes. Ils sont d'abord pleins d'une liqueur sucrée que les habitants boivent en guise de vin[4]. Ce breuvage délicieux s'appelle *rhonchosoura*[5]. »

1. Liber XI, p. 444.

2. Lib. XI, p. 445. Marco Polo et Mandeville donnent aussi aux fruits du cocotier le nom de « noix d'Inde ».

3. Ceci est peu exact ; un cocotier peut porter jusqu'à 12 spadices, ayant chacun en moyenne 10 à 15 noix. Drury, p. 148.

4. Il semble que Cosmas ait confondu le « lait de coco » avec la liqueur enivrante — *toddy* — que donne la sève recueillie après l'ablation des fleurs mâles.

5. Bohlen, *Das alte Indien*, etc. Königsberg, 1830, in-8, vol. II, p. 164, explique *rhonchosoura* par *rakshasura*. « *Roncko*, dit Yule, may represent *lanka*, the name applied to the nut when ripe, but still soft. »

La description de la Taprobane[1], « située au delà du pays du poivre, et entourée d'une ceinture de petites îles, couvertes de cocotiers », n'offre pas moins d'intérêt par ce qu'elle nous apprend du commerce de l'Orient et de ses produits, au vi° siècle de notre ère. « Grâce à sa situation centrale », la Taprobane était fréquentée par des navires venus de toutes les parties de l'Inde, de la Perse et de l'Éthiopie, ainsi que des contrées les plus éloignées de l'Orient[2]. « Elle reçoit, remarque Cosmas, de la soie — μέταξα — de l'aloès[3], des clous de girofle[4], du bois de santal — τζανδάνα[5], sanse, *candana* — et d'autres produits encore, et ceux-ci sont réexpédiés dans les entrepôts du continent, à Mâlé, — le Malabar, — « où croît le poivre[6] », et à Calliana — Calyâna — « qui exporte du cuivre, des solives de teck[7] et des étoffes de coton »,

----

1. Lib. XI. p. 446-447. — Mac Crindle. p. 365-366.

2. Parmi ces contrées, Cosmas mentionne la Chine — Τζινίστα — au delà de laquelle, dit-il plus loin, « il n'y a aucun autre pays, car l'Océan la borne à l'est ».

3. Il s'agit évidemment ici du bois d'aloès (*Aquilaria agallocha*).

4. Bourgeons du girofflier (*Eugenia caryophyllata*), arbre toujours vert des Moluques. C'est là, après celle de Aetius, la plus ancienne mention qui en soit faite par un auteur grec.

5. Cette forme reproduit, autant que le grec le pouvait, la prononciation sanscrite ou prakrite *tchandana*. Montfaucon ne s'apercevant pas qu'il s'agissait du santal — *santalum* — a transcrit purement la forme de Cosmas, *tsandana*.

6. Il y avait, dit Cosmas, cinq ports du Malabar qui exportaient cette denrée.

7. Φάλαγγες σατσμιναι. Mac Crindle. p. 366, traduit par « sesame logs ». Montfaucon, par « ligna sesamina ». Cf. plus haut, p. 41.

ainsi qu'à Sindou [1], « où l'on trouve du musc, du castoreum et du nard — ἀνδροστάχυς [2], — en Perse et à Adulis.

On voit quels renseignements précieux sur les produits végétaux de l'Orient on trouve dans la *Cosmographie chrétienne* : la Grèce n'en apprendra rien de plus jusqu'à l'époque des Arabes. Si ce qu'elle a connu de la flore de l'Inde se réduit en somme à un nombre restreint d'espèces, il n'était peut-être pas inutile d'en faire le relevé, et d'essayer de les identifier aussi exactement que le permettent les descriptions trop souvent incomplètes que nous en possédons.

1. Port situé près d'une des bouches du Sindh, probablement Diul-Sind. Yule-Burnell, *A glossary of indian-english Words*, p. 247 et 634.

2. Montfaucon a conservé cette forme, qui est évidemment pour ναρδόσταχυς.

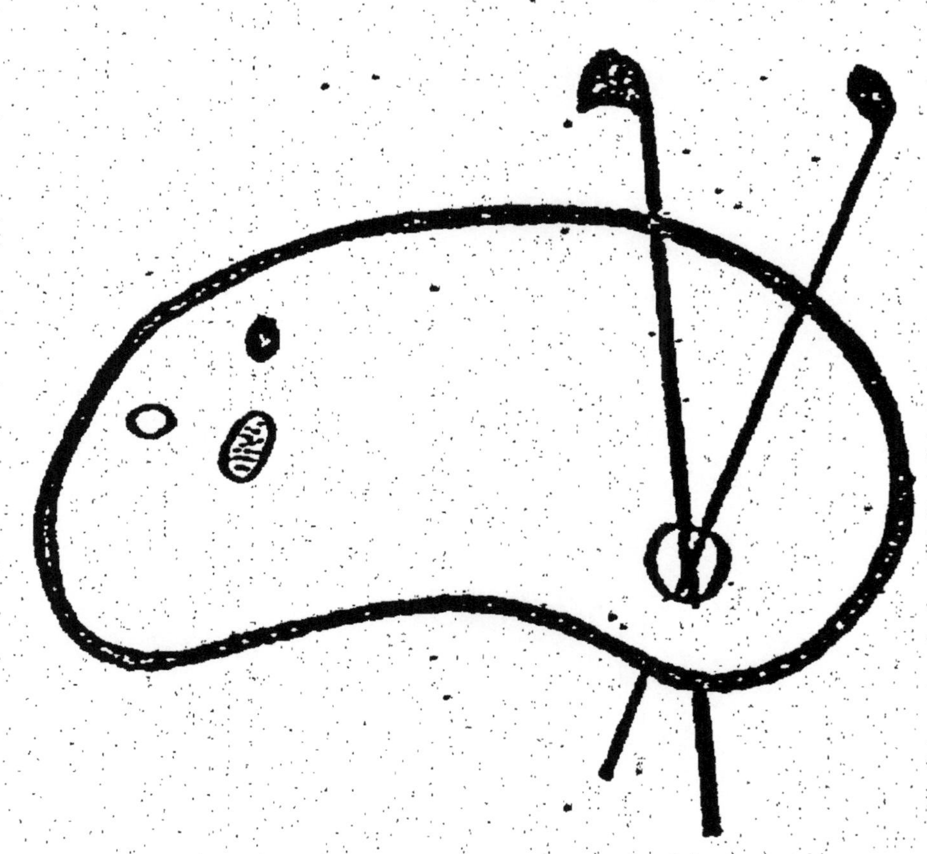